东北区域气候变化评估报告:2020

决策者摘要

《东北区域气候变化评估报告:2020》编写委员会　编

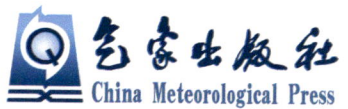

图书在版编目（CIP）数据

东北区域气候变化评估报告：2020 决策者摘要 /《东北区域气候变化评估报告：2020》编写委员会编. —北京：气象出版社，2021.7

ISBN 978-7-5029-7450-3

Ⅰ.①东… Ⅱ.①东… Ⅲ.①气候变化-研究报告-东北地区-2020 Ⅳ.①P468.23

中国版本图书馆 CIP 数据核字（2021）第 101229 号

东北区域气候变化评估报告：2020　决策者摘要

Dongbei Quyu Qihou Bianhua Pinggu Baogao:2020　Juecezhe Zhaiyao

---

出版发行：	气象出版社		
地　　址：	北京市海淀区中关村南大街 46 号	邮政编码：	100081
电　　话：	010-68407112（总编室）　010-68408042（发行部）		
网　　址：	http://www.qxcbs.com	E-mail：	qxcbs@cma.gov.cn
责任编辑：	陈　红	终　　审：	吴晓鹏
责任校对：	张硕杰	责任技编：	赵相宁
封面设计：	艺点设计		
印　　刷：	北京建宏印刷有限公司		
开　　本：	889 mm×1194 mm　1/16	印　　张：	2
字　　数：	45 千字		
版　　次：	2021 年 7 月第 1 版	印　　次：	2021 年 7 月第 1 次印刷
定　　价：	30.00 元		

本书如存在文字不清、漏印以及缺页、倒页、脱页等，请与本社发行部联系调换

主要作者

赵春雨　　沈阳区域气候中心
张玉书　　中国气象局沈阳大气环境研究所
周晓宇　　沈阳区域气候中心
纪瑞鹏　　中国气象局沈阳大气环境研究所
崔　妍　　沈阳区域气候中心
于秀晶　　吉林省气候中心
刘玉莲　　黑龙江省气候中心
侯依玲　　沈阳区域气候中心
王　波　　黑龙江省气候中心
杨雪艳　　吉林省气候中心
米　娜　　中国气象局沈阳大气环境研究所
敖　雪　　沈阳区域气候中心
李建平　　吉林省气象科学研究所
刘鸣彦　　沈阳区域气候中心
于文颖　　中国气象局沈阳大气环境研究所
孙　爽　　黑龙江省气候中心
易　雪　　沈阳区域气候中心
徐士琦　　吉林省气候中心

评审专家

丁一汇　国家气候中心
翟盘茂　中国气象科学研究院
巢清尘　国家气候中心
袁佳双　中国气象局科技与气候变化司
任国玉　国家气候中心
刘洪滨　国家气候中心
吴绍洪　中国科学院地理科学与资源研究所
居　辉　中国农业科学院农业环境与可持续发展研究所
孙　洪　中国 21 世纪议程管理中心

序 言

当前全球气候系统正经历着以变暖为主要特征的显著变化,气候风险持续上升,对全球经济社会发展造成深远影响。同时,世界百年未有之大变局正进入加速演变期,全球性挑战日益上升,气候治理进程更加复杂。中国人口众多,气候条件复杂,生态环境脆弱,极易受到气候变化的不利影响。中国政府高度重视应对气候变化工作,采取强有力的政策措施,在有效控制温室气体排放、增强适应气候变化能力等领域取得了积极成效。2020年9月22日,习近平主席在第75届联合国大会一般性辩论上提出"中国将提高国家自主贡献力度,采取更加有力的政策和措施,二氧化碳排放力争2030年前达到峰值,努力争取2060年前实现碳中和",更加坚定了中国走绿色低碳道路的信心和决心。

科学评估并准确辨识气候变化及其影响,是应对气候变化工作的基础。中国气象局作为基础性科技部门,先后两次组织开展了区域气候变化评估报告编制工作。第二次区域气候变化评估工作于2017年启动,覆盖华北、东北、华东、华中、华南、西南、西北和新疆八个区域,力求在区域层面更加详尽地反映国内气候变化最新研究进展,提升区域应对气候变化科技支撑能力。

东北区域位于我国纬度最高的地区,处于东北亚区域的核心地带,跨越寒温带、中温带和暖温带,是我国重要的工业基地和商品粮基地。习近平总书记主持召开深入推进东北振兴座谈会,为推动新时代东北全面振兴、全方位振兴擘画了蓝图。气候变化使东北区域面临着更高的极端灾害风险和更脆弱的气候变化影响,对粮食安全、生态安全、能源安全、产业安全和防灾减灾等带来更为严峻的挑战。

在辽宁省、吉林省、黑龙江省气象部门科技人员共同努力下,历时三年完成的《东北区域气候变化评估报告:2020 决策者摘要》即将付梓出版。决策者摘要分析了东北区域气候变化的基本事实、未来趋势和气候灾害风险,评估了气候变化对东北区域农业、长白山森林生态系统、东北区域城市采暖和制冷能耗、盘锦湿地的影响,提出了应对策略和措施选择,以期为促进区域经济社会可持续发展,切实发挥气象部门保障作用。在此,我将本决策者摘要推荐给各级政府决策部门、科技人员以及关心区域气候与环境问题的广大读者,并向为决策者摘要出版做出贡献的科技人员表示衷心感谢!

中国气象局党组书记、局长

2021 年 1 月

目 录

序言

1 引言 …………………………………………………………………………… (1)
　1.1 意义、范围和结构 ………………………………………………………… (1)
　1.2 资料和方法 ………………………………………………………………… (1)

2 气候变化观测事实 …………………………………………………………… (3)
　2.1 基本气候要素变化 ………………………………………………………… (3)
　2.2 极端天气气候事件变化 …………………………………………………… (5)

3 未来气候变化和风险 ………………………………………………………… (7)
　3.1 未来气候变化趋势 ………………………………………………………… (7)
　3.2 未来极端天气气候事件变化和气候灾害风险 ………………………… (8)

4 气候变化对东北区域农业的影响 …………………………………………… (10)
　4.1 影响和风险 ………………………………………………………………… (10)
　4.2 应对策略和措施选择 ……………………………………………………… (12)

5 气候变化对长白山森林生态系统的影响 …………………………………… (14)
　5.1 影响和风险 ………………………………………………………………… (14)
　5.2 应对策略和措施选择 ……………………………………………………… (16)

6 气候变化对东北区域城市采暖和制冷能耗的影响 ………………………… (17)
　6.1 影响和风险 ………………………………………………………………… (17)
　6.2 应对策略和措施选择 ……………………………………………………… (19)

7 气候变化对盘锦湿地的影响 ………………………………………………… (20)
　7.1 影响和风险 ………………………………………………………………… (20)
　7.2 应对策略和措施选择 ……………………………………………………… (21)

附录 重要概念 ………………………………………………………………… (23)
致谢 ……………………………………………………………………………… (24)

1 引 言

1.1 意义、范围和结构

全球气候变化深刻影响人类的生存和发展,国际社会正共同努力,携手应对气候变化。科学评估气候变化及其影响是客观认识、有效应对气候变化的基础。联合国政府间气候变化专门委员会(IPCC)发布了五次气候变化评估报告、我国先后发布三次《气候变化国家评估报告》、东北区域2012年发布第一次《东北区域气候变化评估报告》,为全球、全国和区域应对气候变化,促进经济社会可持续发展提供了重要的科学基础。

东北区域位于我国纬度最高的地区,处于东北亚区域的核心地带,跨越寒温带、中温带和暖温带3个气候带,属温带大陆性季风气候区,是我国重要的综合性的农业(农产品)基地;同时也是我国最大的集中开发林区和木材供应基地,受气候变化影响明显。为贯彻党的十九大关于积极应对气候变化的新部署,助力东北全面振兴、全方位振兴,《东北区域气候变化评估报告:2020》(以下简称《报告》)是在第一次区域评估报告基础上,系统梳理归纳国内外有关东北区域气候变化科学研究成果,凝练出重要的区域气候变化科学结论,旨在为东北区域各级政府应对气候变化工作提供科技支撑。

《报告》所指的东北区域包括辽宁省、吉林省、黑龙江省。《东北区域气候变化评估报告:2020 决策者摘要》(以下简称《决策者摘要》,SPM)是对《报告》结论的高度概括精练。《决策者摘要》共分7章,第1~3章主要评述了东北区域气候变化观测事实和未来气候变化及气候灾害风险;第4~7章从东北区域农业、长白山森林生态系统、东北区域城市采暖和制冷能耗、盘锦湿地方面开展专题影响评估。段落后"{ }"中的内容分别表示详细内容在《报告》中的章节出处,本《决策者摘要》中的图表序号。

本摘要根据《报告》的主要科学结论凝练而成,详细内容可参见《报告》相关章节。

1.2 资料和方法

(1)资料

①建站以来营口、大连、沈阳、长春、哈尔滨和齐齐哈尔6个百年站点的逐月气温和降水

资料；

②1961—2017年均一化气温资料来自于国家气象信息中心制作完成的《中国国家级地面气象站均一化气温月值数据集(V1.0)》；

③1961—2017年平均气温、最高气温、最低气温、降水量、风速、日照、积雪深度、冻土深度等东北区域162个气象台站逐日资料；

④高分辨率未来区域气候变化预估数据由国家气候中心提供，水平分辨率为25千米，垂直方向为18层，时间分辨率为6小时，资料长度为1980—2100年。基准期为1986—2005年，未来预估时段为21世纪近期(2020—2035年)、中期(2046—2065年)和远期(2081—2100年)3个时间段，采用低、中、高(RCP2.6、RCP4.5、RCP8.5)三种排放情景；

⑤共享社会经济路径(SSPs)下未来区域人口和经济数据由国家气候中心提供，格点分辨率为$0.5°×0.5°$，时间长度为2010—2100年，代表性时间点分别选取2010年、2030年、2060年和2090年。

(2) 评估方法

①报告中的基准期为1981—2010年；

②采用线性趋势估计方法计算各气候要素的气候变化趋势，并采用蒙特卡洛方法对气候要素的变化趋势进行显著性检验；

③为减少由于观测时间、观测时次以及观测标准变化导致的资料非均一性，报告中的百年平均气温由最高气温和最低气温平均获得，与IPCC评估报告处理方法一致；

④采用区域气候模式对未来气温、降水和极端气候事件变化进行降尺度预估。采用SSPs的人口和GDP作为承灾体易损度指标预估未来气候灾害风险。气候灾害风险等级分为低、次低、中等、次高、高5个等级；

⑤气候变化影响评估部分，采用文献评估的方法，综合归纳了2020年之前国内外有关气候变化对东北区域农业、长白山森林生态系统、东北区域城市采暖和制冷能耗、盘锦湿地影响的研究成果相关文献175篇。

专栏1：不确定性和信度说明

在气候变化研究和评估过程中，不确定性的表述方式一般归纳为两类，第一类是半定量或定性表述，即基于多源数据或结论，给出对应于评估结果及其可靠性的判断；第二类是采用量化指标进行定量表述，即除了给出估算的数值外，还给出利用统计方法计算得到的该数值的置信区间，其中置信区间体现着该数值的不确定性。

参考IPCC第五次评估报告和相关研究，本报告对不确定性的表述主要采用第一类方法，即基于证据的类型、数量、质量和一致性(如对机理的认识、理论、数据、模式、专家判断)，以及反映学术界共识的程度，以高信度、中等信度、低信度表示评估结论的可靠性。

2 气候变化观测事实

2.1 基本气候要素变化

气温显著上升，最低气温升高明显（高信度）。 1905—2017 年，东北区域年平均气温呈显著升温趋势，升温速率为 0.18 ℃/10 年，远高于全球近百年平均升温速率和全国同期平均升温速率。1961—2017 年，东北区域年平均气温升温速率为 0.31 ℃/10 年，高于全国同期平均升温速率和全球近 50 年升温速率。20 世纪 60 年代至 80 年代中期气温偏低，80 年代末期以来气温升温明显。东北区域年平均最高气温、年平均最低气温升温趋势显著，升温速率分别为 0.20 ℃/10 年和 0.46 ℃/10 年，最低气温升温速率高于最高气温。{2.1，图 SPM.1}

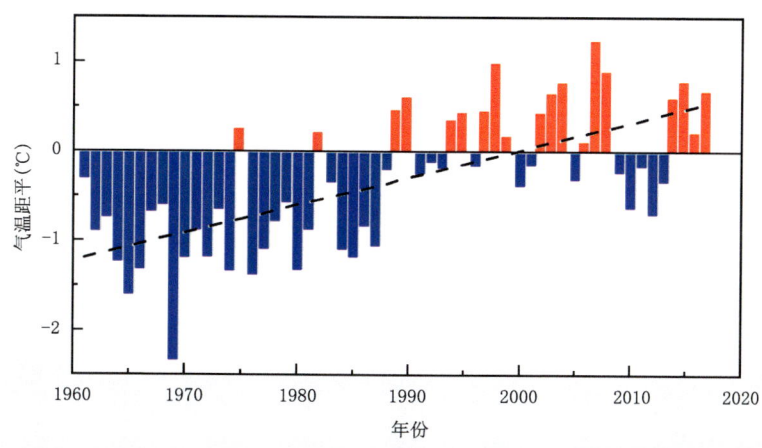

图 SPM.1　1961—2017 年东北区域年平均气温距平（相对于 1981—2010 年的平均气温 5.6 ℃）变化

北部地区和冬、春季变暖最为明显（高信度）。 从地域分布看，东北区域各地年平均气温均呈上升趋势，增温幅度由南向北逐渐增加，辽宁、吉林大部地区升温速率为 0.21～0.30 ℃/10 年，黑龙江大部分地区升温速率为 0.31～0.40 ℃/10 年。从季节特征来看，四季平均气温均呈上升趋势，冬季平均气温上升趋势最为明显，升温速率达 0.38 ℃/10 年；春季次之，为 0.34 ℃/10 年；夏、秋季最小，分别为 0.22 ℃/10 年和 0.25 ℃/10 年。{2.1，图 SPM.2a}

降水量变化空间差异大，北部增加南部减少，降水日数减少，降水强度增强（高信度）。 1905—2017 年，东北区域年降水量呈减少趋势，减少速率为 0.33%/10 年。1961—2017 年，

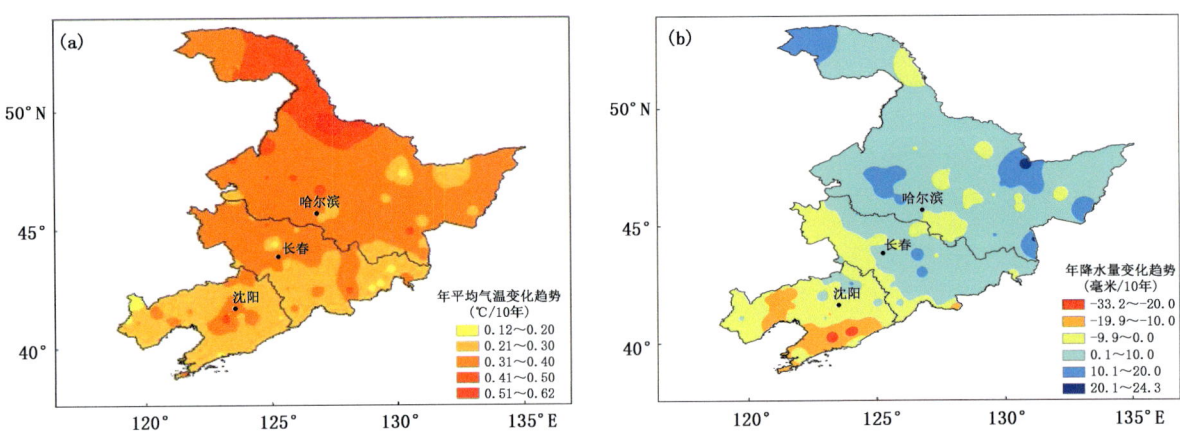

图 SPM.2　1961—2017 年东北区域年平均气温(a)和年降水量(b)变化趋势的空间分布

东北区域年降水量无明显变化趋势,但年代际波动明显,20 世纪 60 年代至 70 年代、80 年代中期至 90 年代中期降水量偏多;20 世纪 70 年代中期至 80 年代初期、90 年代末期至 21 世纪前 10 年末期降水量偏少,但 2010—2017 年降水量增加明显。年降水日数以 1.7 天/10 年的速率减少,降水强度以 0.11 毫米/天/10 年的速率增强。从地域分布来看,黑龙江大部、吉林中东部地区降水量呈增加趋势,辽宁大部、吉林西部和黑龙江中部地区呈减少趋势。从季节变化来看,冬、春季降水量增加,夏、秋季减少。{2.2,图 SPM.2b,图 SPM.3,图 SPM.4}

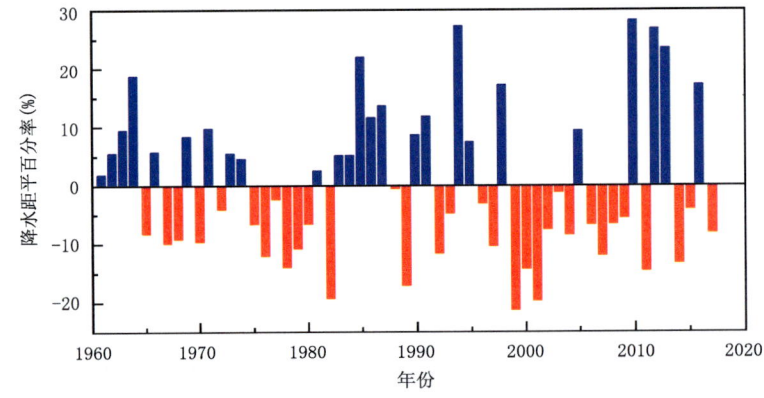

图 SPM.3　1961—2017 年东北区域年降水量距平百分率(相对于 1981—2010 年)变化

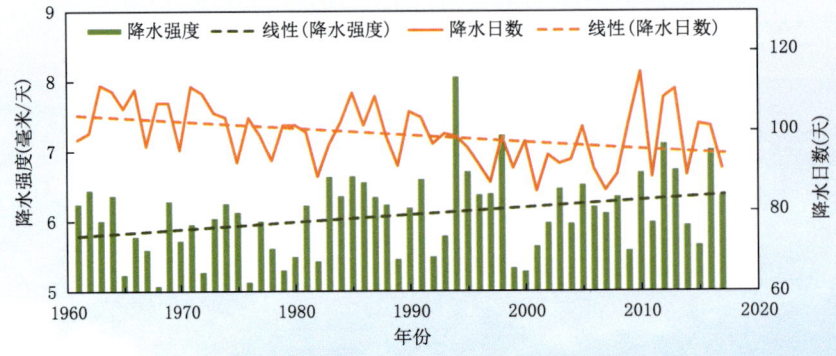

图 SPM.4　1961—2017 年东北区域年降水强度及降水日数变化

日照、风速均呈减少趋势(高信度)。1961—2017年,东北区域年日照时数以35.2小时/10年的速率明显减少,20世纪90年代以来减少尤为迅速,大部分地区年日照时数减少速率为40.0～79.9小时/10年。年平均风速以0.19米/秒/10年的速率显著下降。{2.3,2.4}

积雪期缩短,最大积雪深度增加,最大冻土深度减小(高信度)。1961—2017年,东北区域积雪初日以1.4天/10年的速率显著推迟,积雪终日以2.3天/10年的速率显著提前,积雪期以3.7天/10年的速率缩短,最大积雪深度以0.9厘米/10年的速率增加,最大冻土深度以5.5厘米/10年的速率减小。{2.5,2.6}

2.2 极端天气气候事件变化

极端最高和极端最低气温显著上升,高温日数增加,低温日数和寒潮减少(高信度)。1961—2017年,东北区域极端最高、极端最低气温分别以0.15 ℃/10年和0.63 ℃/10年的速率升高;日最高气温≥35 ℃的高温日数增加,增加速率为0.10天/10年;年暖昼日数和暖夜日数分别以2.1天/10年和3.4天/10年速率增加,冷昼日数和冷夜日数分别以1.8天/10年和4.0天/10年速率显著减少;日最低气温≤-30 ℃的低温日数以1.0天/10年速率显著减少;寒潮持续指数以0.6天/10年的速率明显减少。{3.1,3.2,3.3}

暴雨日数无明显变化,大雪日数增多(中等信度)。1961—2017年,暴雨日数无明显变化(0.02天/10年);日最大降水量以0.33毫米/10年的速率增多,过程最大降水量以1.7毫米/10年的速率减少;大雪日数以0.10天/10年速率增加。{3.3}

大风、冰雹、沙尘暴等日数明显减少(高信度)。1961—2017年,大风日数和冰雹日数分别以3.9天/10年和0.3天/10年的速率明显减少;沙尘暴、扬沙和浮尘日数分别以0.23天/10年、1.3天/10年和0.26天/10年的速率明显减少。{3.4,3.5,3.6}

极端天气气候灾害频发。21世纪以来,暴雨、干旱、台风、龙卷等极端天气气候灾害频发。{3.7,表SPM.1}

表SPM.1　21世纪以来东北区域极端天气气候灾害典型案例

灾害种类	典型案例
暴雨	2013年8月16日,辽宁抚顺普降暴雨到特大暴雨,使流域内河流水位暴涨,在短时间内形成巨大洪流。位于暴雨中心区的南口前镇16日日降水量达449.0毫米,超过当地年降水量的50%。
	2017年7月13—14日、7月19—20日、8月2—4日,吉林永吉出现3次暴雨过程,3次过程累积降水量643.2毫米,接近该地年平均降水量687.7毫米;最大日降水量和最大1小时降水量分别突破360毫米和107毫米,远超历史极值。

续表

灾害种类	典型案例
干旱	2014年,辽宁出现了1951年以来最为严重的夏秋连旱。6月下旬至9月上旬,全省平均降水量偏少近5成,为1951年以来同期最少。
	2016年7月下旬至9月初,黑龙江齐齐哈尔、大庆、绥化、哈尔滨、黑河、农垦总局等地部分地区持续高温少雨,出现严重旱情。截至8月30日,全省32县(市、区)受旱,齐齐哈尔、大庆2市旱情最重。
	2016年6月下旬至8月,吉林平均降水量较常年同期偏少4成,全省平均无降水日数44天,为历史同期最少。7月中旬西部开始出现旱情,范围逐渐扩大、旱情加重。
台风	2020年8月26日至9月8日,东北地区连续遭受第8号台风"巴威"、第9号台风"美莎克"和第10号台风"海神"影响,为有气象记录以来首次,较常年全年影响东北地区台风个数(1.2个)偏多1.8个。
龙卷	2019年7月3日,辽宁铁岭发生了一次强龙卷过程,伴随冰雹、短时强降水等强对流天气。

3 未来气候变化和风险

3.1 未来气候变化趋势

未来东北区域气温将继续上升,中期和远期升温明显(高信度)。到21世纪远期,在低排放情景下平均气温可能比1986—2005年上升1.2~2.0 ℃,在中等排放情景下可能增加3.3~3.9 ℃,在高排放情景下可能增加5.3~6.2 ℃。从空间分布来看,近期、中期和远期增温幅度均由南向北逐渐增大,辽宁南部增温幅度最小,黑龙江大兴安岭地区增温幅度最大;高排放情景下增幅最大(1.3~6.2 ℃),中等排放情景下次之(1.2~3.9 ℃),低排放情景下增幅最小(1.0~2.0 ℃)。{4.3,图 SPM.5}

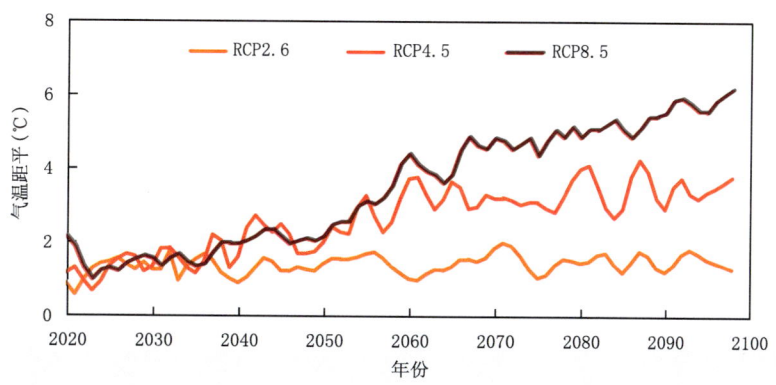

图 SPM.5　三种排放情景下 2020—2100 年东北区域年平均气温变化(相对于 1986—2005 年)

未来东北区域降水可能呈增加趋势,降水变化空间差异大,呈西部减小、北部和东部增加的分布特征(中等信度)。在低、中等排放情景下,到21世纪末东北区域年降水无明显变化趋势;在高排放情景下,降水平均每10年增加1.8%,中期和远期增幅较明显,分别平均增加10.5%和6.6%。{4.3}

专栏 2：排放情景和气候模式说明

1. 排放情景

利用气候模式预估未来全球和区域气候变化，需要基于对未来温室气体、气溶胶和化学活性气体的浓度以及土地利用/土地覆盖状况的估算，即排放情景。排放情景源于一系列对未来全球经济社会发展路径的假设，涵盖人口增长、经济发展、技术进步、环境变化、全球化、公平原则等方面。典型浓度路径（RCP）即由多种未来发展路径构建的排放情景系列之一，其中RCP2.6代表低排放情景——有三分之二可能性将21世纪末全球变暖控制在2.0℃以内（与工业化前相比，下同）；RCP8.5代表高排放情景——全球不采取任何应对气候变化政策措施，从而导致大气中温室气体浓度持续大幅增长，到21世纪末全球变暖程度可能达到3.2~5.4℃；RCP4.5和RCP6.0代表中等排放情景，对应于中等温室气体排放，到21世纪末全球变暖程度分别为1.7~3.2℃和2.0~3.7℃。本次评估主要采用RCP2.6、RCP4.5和RCP8.5三种排放情景。

2. 气候模式

根据基本的物理定律，确定能够反映气候系统中各个分量演变特征的数学方程组，并将其在计算机上实现程序化后，就构成了气候模式。气候模式可以用来描述气候系统、系统内部各个组成部分及各个部分之间、各个部分内部子系统之间复杂的相互作用，已经成为认识气候系统行为和预估未来气候变化的定量化研究工具。

3. 共享社会经济路径（SSPs）

SSPs反映了不同发展路径的选取对社会经济的影响，可以动态描述气候变化影响、适应和减缓的综合联系。SSP1是一个实现可持续发展、气候变化挑战较低的路径。SSP2是中间路径，面临中等气候变化挑战。SSP3是区域竞争路径，面临高的气候变化挑战。SSP4是不均衡路径，以适应气候变化挑战为主。SSP5是一个以传统化石燃料为主的发展路径，以减缓气候变化挑战为主。

3.2 未来极端天气气候事件变化和气候灾害风险

21世纪东北区域暴雨以上等级降水贡献率可能增加（中等信度），高温日数呈增加趋势（高信度），低温冷害频次显著减少（高信度）。 与1986—2005年相比，21世纪近期暴雨以上等级降水贡献率可能增加46.3%，远期可能增加53.4%，强降水中心主要位于长白山地区。21世纪近期东北区域高温热浪平均天数为7天，远期为27天，高温中心位于辽宁西南部，高温区范围由近期至远期逐渐扩大。低温冷害21世纪近期发生频次为1.5次，中期和远期分别为0.11次和0.02次，呈显著减少趋势。{5.2}

暴雨洪涝和高温灾害风险总体增强，干旱风险呈先增加后下降的趋势，低温冷害风险下

降(**中等信度**)。在中等排放情景下,考虑人口变化和社会经济发展,21世纪近期和中期东北区域暴雨洪涝灾害风险区由辽宁中南部向北延伸,面积有所扩大;同时,东北区域中等级别以上高温风险区域由辽宁西部向北和省会城市扩展;至21世纪远期,省会城市沈阳、长春和哈尔滨均在中等以上风险区域内,其中沈阳、辽宁东部山区暴雨洪涝风险较高;辽宁西部及辽东湾城市群高温灾害风险较高。21世纪近期和中期,辽宁中西部地区干旱风险较高;干旱面积向西略有延伸;21世纪远期,该地区干旱风险较中期降低。21世纪近期和中期低温冷害高风险区主要位于黑龙江北部,远期低温冷害对东北区域的影响将减小。{5.4,图SPM.6}

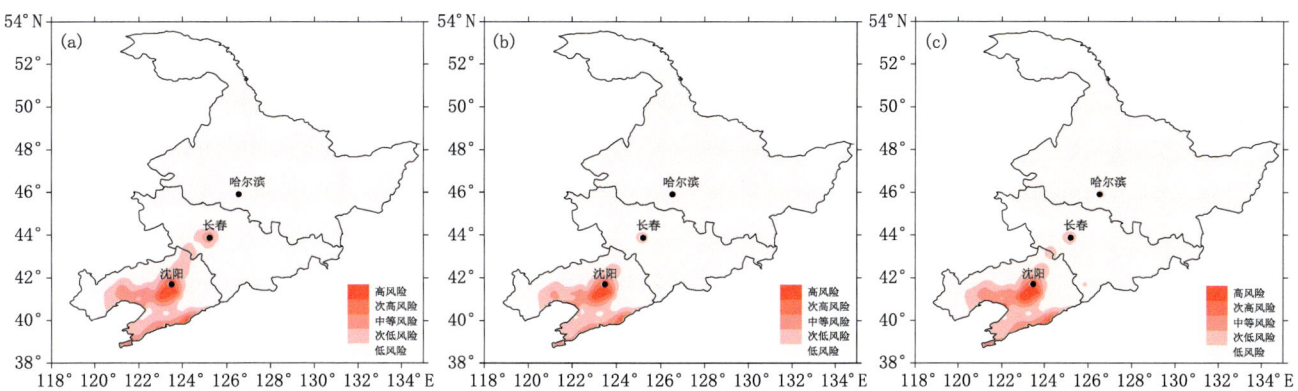

图 SPM.6　21世纪东北区域近期(a)、中期(b)、远期(c)暴雨洪涝灾害风险分布

4 气候变化对东北区域农业的影响

东北区域是我国重要的农业基地,地处世界著名的黑土带,全区耕地面积 2538.0 万公顷,占全国耕地面积的 19.5% 左右,维护国家粮食安全的战略地位十分重要。东北区域是气候变化敏感区,农业种植带北移,玉米适宜生长季延长,未来气候变暖趋势显著,将会影响东北区域农业结构调整和种植布局。干旱、暴雨洪涝等极端天气气候事件对东北区域粮食生产的冲击强度加大,农业生产波动性加大。

4.1 影响和风险

作物生长季积温增加,玉米可种植界限北移,可种植面积增加(高信度)。 与 20 世纪 80 年代相比,1961—2015 年东北区域≥10 ℃初日提前 5~15 天,≥10 ℃终日随着年代的推移逐渐延迟,≥10 ℃积温整体呈增加趋势,增幅为 5~120(℃·日)/10 年。积温增加使玉米的可种植界限北移,与 1961—1980 年相比,1981—2010 年玉米的可种植北界由 48°40′N~49°35′N北移至 50°55′N~51°35′N,向北移动了 158.3~285.8 千米,玉米的可种植面积增加了 387 万公顷。{7.2,图 SPM.7}

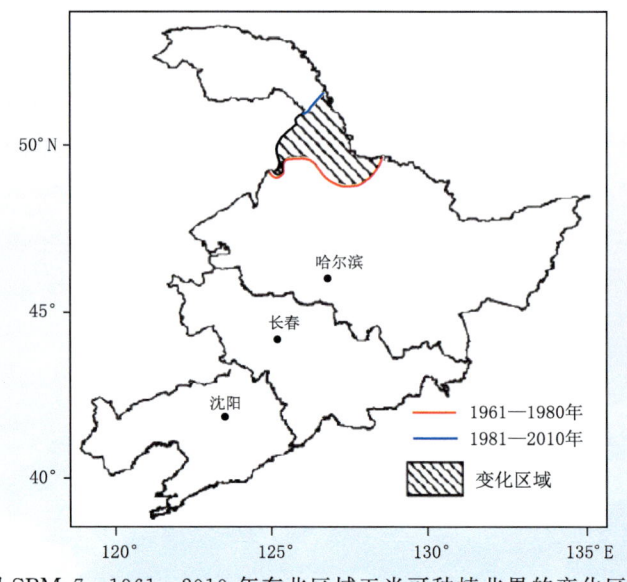

图 SPM.7　1961—2010 年东北区域玉米可种植北界的变化区域

玉米和水稻生育期延长,实际种植面积和产量增加(中等信度)。 东北区域玉米种植品种向中晚熟性品种过渡,大部分地区玉米全生育期日数增加,播种面积呈波动增加趋势。1961—2010 年东北区域玉米平均产量 4.5 吨/公顷,每 10 年增加 1.27 吨/公顷,增加趋势显著。升温变暖促使东北区域水稻种植区呈现以北移为主、向东及高海拔地区扩展的态势,到 2018 年全区水稻种植面积已达到 511.1 万公顷,较 1980 年增长了 6 倍多。1992—2012 年水稻全生育期以 3.7 天/10 年的速度延长。气候变暖为东北区域水稻生产提供了适宜的热量条件,对产量提升起到积极促进作用。{7.2}

农业旱涝灾害频次与强度增大,低温冷害发生次数减少、范围缩小,但影响未减弱,病虫害加重(中等信度)。 20 世纪 70 年代后,农业干旱灾害的发生频次和程度明显增加,尤以 20 世纪 90 年代中期以来最为显著,2000—2010 年是东北区域干旱发生频率和影响范围最大的时期,尤其是东北区域的中部和西部。东北区域洪涝灾害频次和程度整体呈增加趋势,大涝、重涝事件以 20 世纪 60 年代居多,进入 21 世纪,重涝频次又有所增加。东北区域水稻、玉米冷害发生频次和影响区域均呈现显著递减趋势。2000—2010 年,水稻和玉米低温冷害发生年份和区域减少,发生频次较低(0.1~0.2 次/年)。随着种植面积不断扩大以及偏晚熟性品种的选种,松嫩平原西部玉米低温冷害风险指数升高。气候变暖导致东北区域多数病虫害显著加重,病虫危害范围扩大,病虫暴发时段随作物生长季延长而加长,害虫繁衍的世代数增加。{7.2,图 SPM.8}

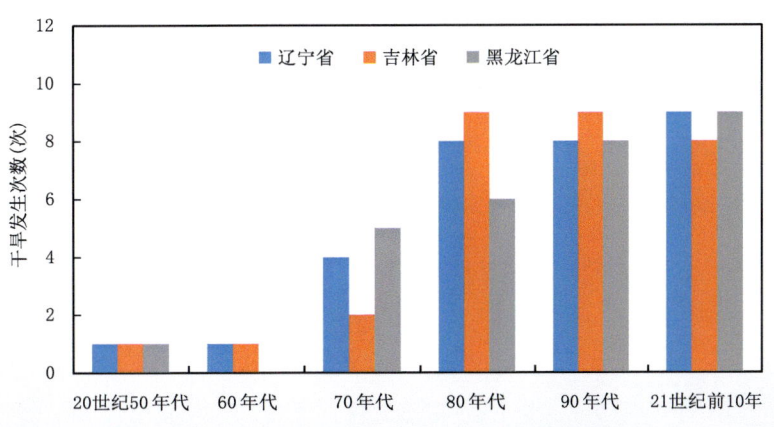

图 SPM.8　1950—2010 年东北区域干旱发生次数

全球 1.5 ℃升温对东北不同区域玉米产量影响不同,水稻发生高温热害的概率增加(中等信度)。 未来东北区域热量增加更加显著,升温与生长季的延长使得有效积温大幅增加,水资源呈略增加趋势,但增温地区与降水量增加的地区不匹配,病虫害发生范围和频率可能增加。全球 1.5 ℃升温背景下,与 1986—2005 年相比,辽宁、吉林中部地区玉米将减产 15%~20%,黑龙江玉米将增产 5%~30%。低排放情景下,水稻种植区发生高温热害损失的概率增加,尤其在辽宁和吉林的部分地区增加幅度可能超过 20%;高排放情景下,发生水稻高温热害概率变化幅度超过 20% 的区域将会进一步扩大。{7.3,图 SPM.9}

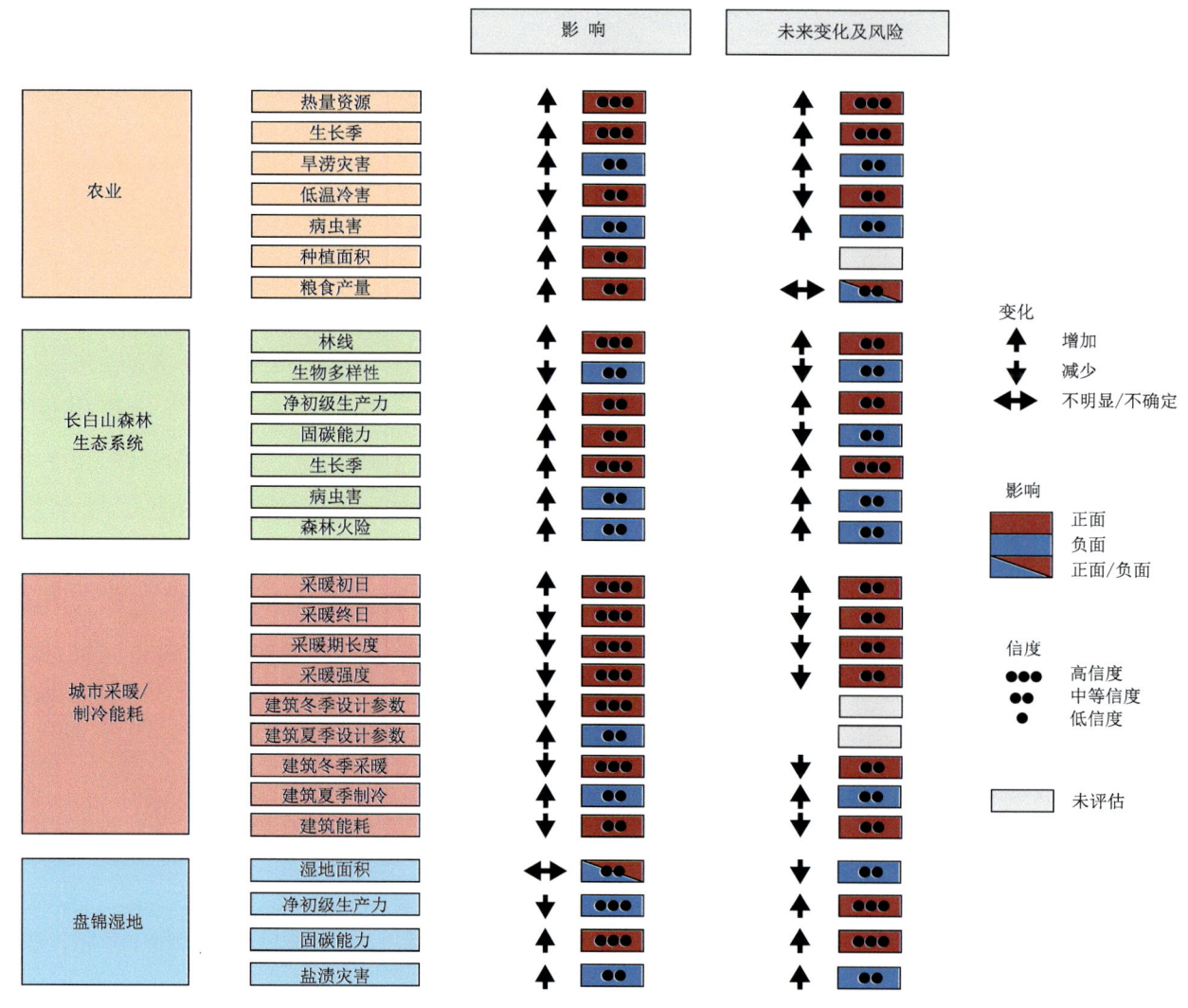

图 SPM.9　气候变化对不同领域的影响评估

4.2　应对策略和措施选择

调整种植结构，充分利用好热量资源。 针对未来东北区域热量资源增加特点，通过开展作物种植区划、种植结构调整、品种布局规划，在水资源得到基本保证的前提下，选择适合区域种植的中晚熟作物品种，发展霜期设施农业生产，充分用好用足热量资源。

加强农田基本建设，减轻旱涝灾害影响。 通过科学实施水利工程、生态工程、农田基础设施等建设，改变农业生产发展的不利自然条件，结合东北区域机械化、农场化、规模化等农业发展趋势，改造和升级已有农田基础设施及水利工程设施，提升农业应对更严重或更频繁洪涝、干旱灾害的能力。完善气象灾害监测预警与应急响应机制，选育抗逆品种，构建农业保险气象指数，保障粮食安全。

优化栽培耕作措施，应对不利气象条件。 通过适时播种、耕作保墒、科学灌溉、优化施肥等技术措施调节作物群体或个体，增强对气候变化环境的适应能力。在冷害多发区和重灾区，优化栽培耕作措施，缓解极端低温冷害的威胁，将选育抗寒耐寒、抗倒伏品种作为配套适应措施进一步增强作物抗寒、抗倒伏能力，提升灾害恢复能力。

构建病虫害综合防治技术体系，防御病虫害。 提升病虫害发生发展气象等级预报能力，利用农业、物理、化学、生物等技术手段进行病虫害综合防治，从增强作物抗逆性、消除病虫害本体、改善农田环境等方面，提高作物对病虫害的抗御能力，遏制气候变化条件下作物病虫害的暴发，构建农作物病虫害综合应对技术体系。

遏制黑土地退化，强化黑土地保护，提高黑土地质量。 提高有机肥施用比例，建立科学合理的轮作和土壤耕作制度。基于现有气象监测数据和土壤基础数据，研究气象灾害对黑土地退化的影响机理，研发黑土地气象灾害监测、保护恢复气象适用技术，预测未来气候变化背景下黑土地土壤有机质和土壤肥力的动态变化。

5 气候变化对长白山森林生态系统的影响

长白山森林资源约占吉林省的80％，是中国六大林区之一，是亚洲东部保存最为完好的典型森林生态系统。长白山区是国家木材生产基地，又是东北平原的绿色生态屏障，是中国东北的"生态绿肺"，在"碳汇"方面发挥重要作用。在全球气候变暖的背景下，长白山区的气候也发生了显著变化，与气候条件息息相关的森林生态系统必将受到影响，妥善应对气候变化对长白山森林生态系统的影响已成为各级政府、科学家关注的重大问题。

5.1 影响和风险

林线上升明显（高信度）。长白山区温度越高，越有利于岳桦林的生长，20世纪80年代中期长白山区岳桦林生长的海拔高度出现上移，到90年代中期林线上移速度明显。80年代中期以来长白山北坡岳桦林沿沟谷上升了50余米，呈现出较为显著的上侵苔原带的趋势；西坡岳桦林线位置相对比较稳定，但出现岳桦林向苔原带上侵的倾向。21世纪10年代中期西坡林线已达到海拔2200米，北坡林线达到海拔2140米。岳桦林线随热量变化呈脉动式上升，并且岳桦种群不是孤立地进入苔原带，而是带动林下植物一同移动，最终完成岳桦林群落代替苔原群落的过程。{8.2}

森林植物多样性减少（中等信度）。随着气候变暖，1963—2006年长白山自然保护区北坡海拔800～1700米的针阔混交林乔木层多样性指数和均匀度指数升高，阔叶树种比例上升，原部分优势树种有退化的趋势；红松针叶混交林均匀度指数降低、多样性指数升高，云冷杉暗针叶林乔木层的均匀度指数降低、多样性指数下降。长白山区草苁蓉在平缓的山坡上已难生存，仅寄生在70°～80°陡坡的赤杨树上。野生人参、长白松、东北红豆杉等植被物种种群数量急剧减少，濒危种岩高兰已基本绝迹。{8.2}

森林固碳能力增加（中等信度）。21世纪以来，随着气候变暖，CO_2浓度增加，长白山区成为东北地区森林碳储量增长速度最快的地区之一。1901—2009年长白山区森林生态系统年净固碳量由0.65万吨碳增加至0.69万吨碳；1997—2007年长白山区金沟岭林场森林植被碳储量从0.76万吨增加到0.80万吨，净增加466.3吨，年固碳增量为39.6吨；2000—2019年，长白山自然保护区年平均净初级生产力（NPP）达2.78～5.52吨/公顷，年平均植被覆盖度在55%以上,植被年净初级生产力和植被覆盖度均呈上升趋势,平均每10年分别增加0.3吨/公顷和2%。长白山区的气候变化特点对森林固碳量的增加起到了积极作用。{8.2,图SPM.10}

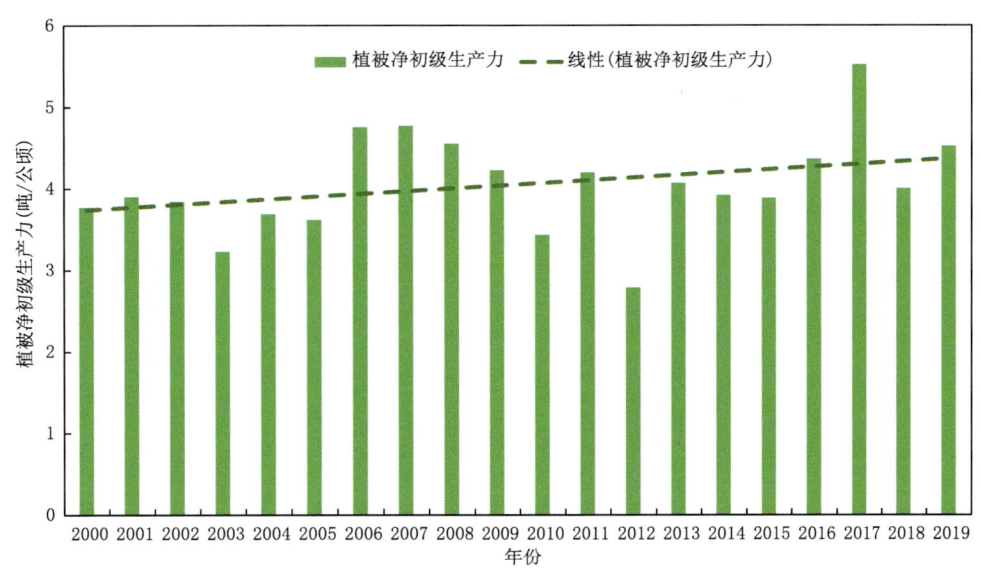

图 SPM.10　2000—2019年长白山自然保护区植被净初级生产力年际变化

森林生长期延长(高信度)。2000—2010年,长白山自然保护区大部分区域森林生长始期呈提前趋势,以提前0～15天为主;除南部边缘局部地区外,大部分区域生长末期呈推迟趋势,最长推迟了35～47天;森林生长期长度延长,以延长16～20天为主,海拔相对高的天池北部和东南部区域生长期增长最为明显,增加了26～45天。长白山自然保护区的温带高山苔原带是响应气候变化较为敏感区域,21世纪以来生长期在全球气候变暖的背景下明显延长,生长期长度为20世纪60年代以来最长。{8.2}

森林病虫害增加(中等信度)。1986年以来东北地区冬季温度明显升高,造成森林病虫害发生频率和面积增大。长白山区1970年森林病虫害发生面积为11.9万公顷,1981年上升到45.0万公顷,1991年高达77.7万公顷。2000年以后,长白山各类病虫害面积明显增加,2002—2007年病虫害发生面积增加40%。同时气候变暖使长白山区病虫害种类增多,由20世纪80年代初的35种增加到21世纪初的50种左右。2018年吉林省出现松毛虫特大灾害,虫情分布面积32.3万公顷,占调查松林总面积的28.2%,其中长白山保护区和龙林业局辖区为吉林省松毛虫灾情最严重的区域,灾情面积达2万公顷以上,2019年长白山林区松毛虫害进一步加重。{8.2}

气象条件引发森林火灾的概率明显上升(中等信度)。由于长白山区气候变暖,干旱和高温事件增加,森林可燃物含水率整体下降,森林火灾气象风险明显上升。1961—2017年长白山区森林火灾气象风险呈高—低—高的阶段性变化,1961—1974年森林火灾气象风险平均为40%,呈下降趋势;1975—1991年平均为34%;1991—2017年森林火灾气象风险呈明显上升趋势,由20世纪90年代的35%波动上升至21世纪10年代的45%,上升速率为2.9%/10年。20

世纪90年代以来全球温度升高,使中高纬度地区森林火灾发生概率进一步上升,1990—2009年长白山区发生森林火灾42起,其中,2004—2006年达25起,占60%,总过火面积15.1公顷;2012年5月29日长白山池西区发生的森林火灾,单次过火面积达30公顷。{8.2}

未来生物多样性减少,林线继续上移,阔叶树种比例增加,森林固碳强度减弱(中等信度)。未来中等排放情景下,气候变暖,植物物候发生显著变化,许多珍贵的森林树种丧失,生物多样性减少。长白山区森林植被和物种分布将发生迁移,森林垂直分布带将上移,海拔600~1100米的针阔混交林带中阔叶树的比重将增加,海拔1100~1800米的针叶林带中也将出现红松阔叶林带的树种,且增温幅度越大,红松阔叶林树种所占比例越大。未来植物生长期延长,大气CO_2的浓度增加,将使森林生态系统的生产力增加,云杉、冷杉生产力增加尤为明显;但未来干旱、火灾和病虫害等发生的概率将增加,可能会影响森林生态系统的生产力。21世纪中期,长白山区森林生态系统仍具有明显的固碳功能,但强度将受到极端天气、森林火灾和病虫害等灾害的不利影响。{8.3,图SPM.9}

5.2 应对策略和措施选择

加强生态气候监测,建立长白山森林生态气候观测数据库。科学规划生态气候监测站网,选择具有典型意义的生态过渡带和特殊生态系统,增加长白山区生态气候监测站网建设,加强航空和多源卫星数据、雷达和自动站等资料的收集,更大范围、高频率、更全面获取生态监测数据,建立长白山森林生态气候观测数据库。

加强气候变化规律研究,持续开展气候变化对长白山森林的影响评估。①加强生态气候系统数据的综合应用,开展气候变化对长白山区森林生态系统的影响评估,揭示气候变化对森林生态系统碳、氮的源、汇及库的变化反馈影响,为天然林保护、退耕还林等生态保护修复工程的实施提供决策服务和科技支撑;②加强长白山区气候变化规律研究,进行重要灾害性天气气候过程的预报预测研究,持续开展长白山区气候灾害风险评估和预评估,全力打造森林生态系统应对气候变化的科技服务体系,积极趋利避害,尽可能减少气候变化带来的不利影响。

建立森林生态系统监测预警平台,提升森林火灾等灾害的防控能力。①建立长白山区森林生态系统气候变化监测、评估、预警业务平台,推进森林防火、灭火气象服务,开展气候暖干化对森林火灾的影响机制研究,建立森林火灾气象风险客观化、定量化预报指标,提升森林火险气象预报水平;②开展森林资源及林场信息调查,建立森林火险风险区划,开展森林火险预报预警和火灾现场气象保障服务。加强多源卫星数据在林火监测中的应用,提升林火遥感监测的时空分辨率和准确率。在林区的雷击区以及雷电活动的主导路径、次主导路径上安装避雷针,减少雷击事故的发生;③针对防火关键期,积极开展人工增雨作业,减轻干旱,降低森林火灾风险。建立森林生态系统重大病虫害发生气象风险监测预测预警模型和风险预警指标,开展森林多时效、多尺度的病虫害气象风险预警业务。

6 气候变化对东北区域城市采暖和制冷能耗的影响

东北区域属于建筑气候分区的严寒气候区,冬季采暖是基本生活需求,气候变暖会对采暖度日等集中供热气候指标和建筑节能设计标准产生影响。建筑能耗占社会能源消费总量的20%左右,通常包括采暖、空调、热水供应等方面的能耗,其中采暖、空调能耗占到60%~70%。建筑能耗与室外气象条件密切相关,气候变化改变了室外的气候条件,从而极大地影响到采暖和空调能源的使用。为节约能源,减少二氧化碳的排放,有必要对城市采暖和制冷能耗的影响进行评估,为政府节能减排、推进绿色建筑发展提供决策咨询。

6.1 影响和风险

采暖初日推迟,采暖终日提前,采暖期缩短,采暖度日和采暖强度显著减少(高信度)。 1961—2017年东北区域采暖初日以0.7天/10年的速率推迟,采暖终日以1.5天/10年的速率提前,采暖期以2.2天/10年的速率缩短。采暖度日和采暖强度分别以85.4(℃·日)/10年和0.2℃/10年的速率减少。东北区域三个主要城市哈尔滨、长春和沈阳,采暖期和采暖度日呈一致的变化趋势,哈尔滨和长春采暖期分别以3.5天/10年和2.9天/10年的速率缩短,采暖度日分别以119.7(℃·日)/10年和104.5(℃·日)/10年的速率减少,变化趋势高于全区平均;沈阳则由于纬度较低,变化趋势低于哈尔滨和长春。{9.2,图SPM.11}

气候变化对城市建筑设计标准产生显著影响,冬季采暖设计参数降低,夏季空调设计参数升高(高信度)。 与1961—1990年相比,1981—2010年沈阳采暖设计参数冬季采暖室外温度升高了0.3℃,哈尔滨和长春分别升高了1.4℃和1.5℃。三个城市的空调设计参数夏季空调室外计算温度分别升高了0.5℃(哈尔滨)、0.1℃(长春)和0.2℃(沈阳)。气候变化对冬季采暖设计参数的影响高于夏季空调设计参数,对哈尔滨的影响高于长春和沈阳。{9.2}

城市办公建筑冬季采暖能耗减少(高信度),夏季制冷能耗增加,年总能耗减少(中等信度)。 1961—2017年哈尔滨、长春和沈阳城市办公建筑冬季采暖能耗减少,夏季制冷能耗增加,在冬季采暖和夏季制冷的叠加作用下,三个城市办公建筑年总能耗分别以每10年5.0兆焦/平方米(哈尔滨)、6.2兆焦/平方米(长春)和2.0兆焦/平方米(沈阳)的速率减少。气

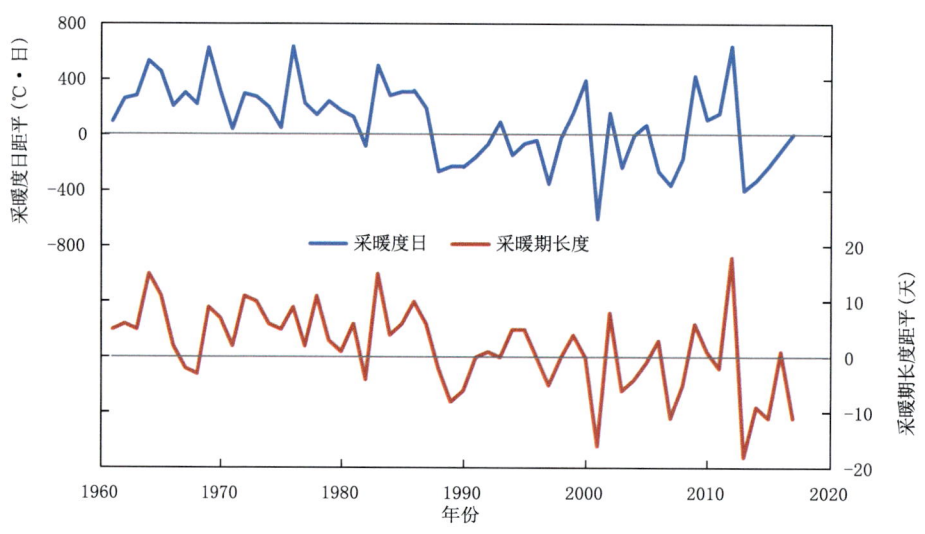

图 SPM.11　1961—2017 年东北区域采暖度日及采暖期长度距平变化

温、湿度和太阳辐射是影响城市办公建筑能耗的主要气象因素,气温可以解释冬季采暖能耗 90% 以上和夏季制冷能耗 70% 以上的变化,气温每升高 1 ℃,年总能耗将分别减少 5.5 兆焦/平方米、4.9 兆焦/平方米和 0.1 兆焦/平方米。{9.2,图 SPM.12}

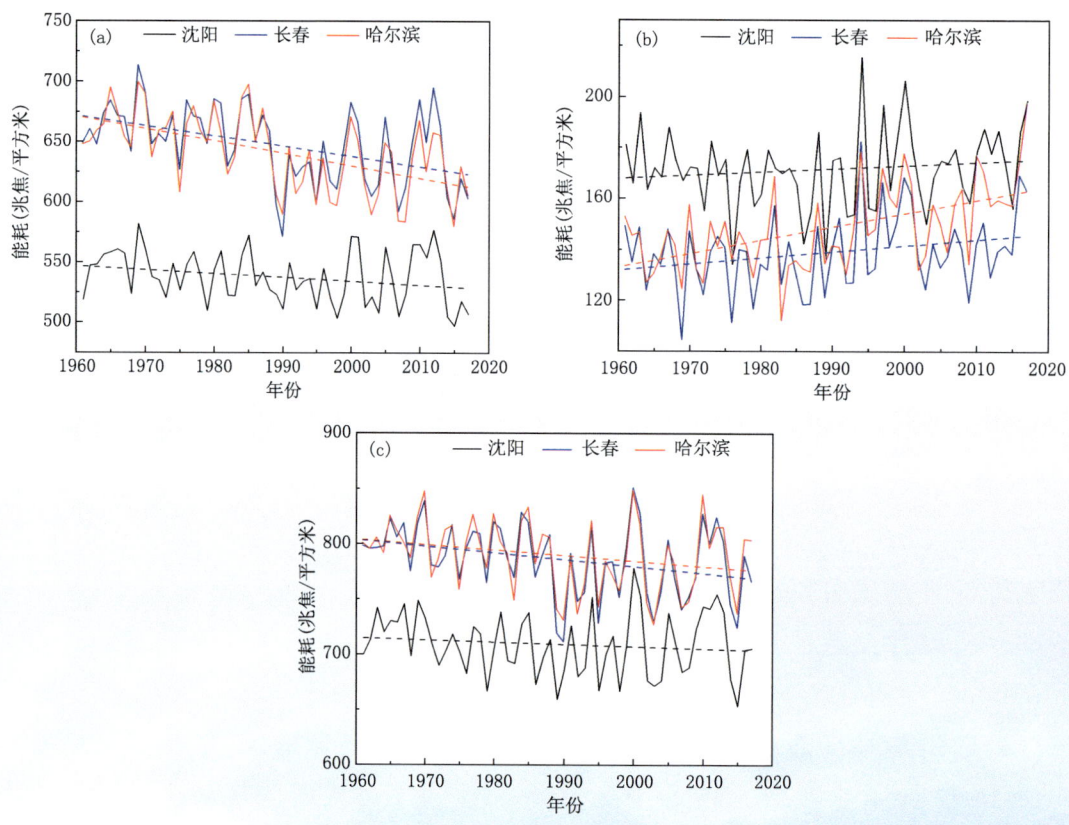

图 SPM.12　1961—2017 年东北区域典型城市办公建筑(a)采暖能耗、(b)制冷能耗和(c)年总能耗年际变化

未来东北区域及主要城市采暖期继续呈现缩短趋势(中等信度)。 中等排放情景下,东北区域21世纪近期、中期、远期的采暖初日均有所推迟、终日提前、采暖期缩短、采暖度日减少,且中期和远期的变化幅度略高于近期;21世纪远期东北区域采暖初日推迟12天、采暖终日提前9天、采暖期缩短21天,采暖度日减少约885℃·日。沈阳、长春、哈尔滨采暖初日将分别推迟12天、10天、11天,采暖终日将提前10天、7天、8天,采暖期将分别缩短22天、17天、19天。{9.3}

未来东北区域城市办公建筑年总能耗继续呈现减少趋势(中等信度)。 中等排放情景下,哈尔滨、长春和沈阳冬季采暖能耗呈减少趋势,夏季制冷能耗呈增加趋势。到21世纪末哈尔滨、长春和沈阳三个城市年总能耗将分别以每10年4.3兆焦/平方米、4.3兆焦/平方米和1.2兆焦/平方米的速率减少。中等排放情景下,21世纪远期城市办公建筑总能耗减少幅度高于21世纪中期和近期,哈尔滨的减少幅度高于长春和沈阳。21世纪远期哈尔滨冬季采暖能耗将减少76.1兆焦/平方米,夏季制冷能耗将增加42.6兆焦/平方米,年总能耗将减少33.5兆焦/平方米。{9.3,图SPM.9}

6.2 应对策略和措施选择

充分考虑气候条件变化,科学调控采暖制冷。 能源的供求、消费与采暖及制冷期气候条件变化关系密切,加强气象服务,提供气候预测与天气预报的无缝衔接,着力打造精细化的智慧气象服务平台。针对多元化能源行业需求,提升冬季气温预测能力,及时提出能源采购建议。开展光热气候资源评估区划,推进风能、太阳能等可再生能源的开发利用,减少化石燃料的消耗,优化能源结构。根据强升降温过程预报,协调配置冬季采暖强度或夏季电力供应。

加强气候变化对建筑环境影响研究,优化完善建筑节能设计标准,推进建筑节能。 准确把握东北区域气候特征,充分考虑气候变化和极端天气气候事件对建筑性能和设计标准的影响,及时修订完善建筑采暖通风和空调调节设计标准;提高建筑节能精细化水平,在有条件的地区推行超低能耗建筑和近零能耗建筑示范,加快推进既有居住建筑节能改造。

7 气候变化对盘锦湿地的影响

盘锦是驰名中外的湿地之都,各类湿地总面积为 24.96 万公顷,占全市总面积的 61.31%,对整个东北地区乃至全国以及周边国家的气候调节、空气净化起着举足轻重的作用,同时在固碳、防洪、涵养水源、调节气候、净化水质等方面也发挥着重要的生态服务功能。盘锦湿地植被主要有芦苇、翅碱蓬等天然湿地植被群落,拥有面积居世界第一的芦苇湿地,有一望无际的天下奇观"红海滩"(翅碱蓬群落在滨海区域形成的独特景观称为"红海滩"),其境内的双台河口湿地被列入《湿地公约》国际重要湿地名录,在全球范围湿地生态系统中极具代表性。

7.1 影响和风险

芦苇湿地植被覆盖明显好转(高信度)。1998—2017 年芦苇湿地年最大归一化植被指数(NDVI)变化呈明显上升趋势,植被覆盖改善、保持不变和明显下降区域分别占 81.8%、12.3% 和 5.9%;同时期,生长季年平均蒸发量和年平均风速变化均呈明显下降趋势,蒸发量和风速的共同作用能解释 NDVI 变化的大部分原因(60.8%);风速减小将引起蒸发量减小、有利于保持土壤水分,同时植被覆盖变好能增强湿地水源涵养功能、使蒸发量减少,体现了气候变化与湿地植被之间的相互作用;气候变化对芦苇湿地 NDVI 的贡献率达 73.2%,植被覆盖好转主要受气候变化的影响。{10.2,图 SPM.13}

芦苇春季物候提前,固碳能力提高(高信度)。受气候变暖的影响,芦苇萌芽期和展叶期呈逐渐提前的趋势;鸟类迁徙总体呈现春季向北迁徙时间提前,冬季向南迁徙时间延迟的变化趋势;1998—2017 年芦苇湿地植被覆盖变好,固碳能力增加;1984—2013 年盘锦湿地平均固碳能力 1.50 千克/平方米,呈波动上升趋势,每平方米每 10 年固碳量增加 73 克;在未来 CO_2 浓度、气温升高的条件下芦苇对 CO_2 吸收能力将会提高。{10.2}

气候变化加重滩涂盐渍害,近年来"红海滩"湿地退化严重(中等信度)。气候变化引发海平面上升,海平面上升增加了滩涂海水盐度,减少沉积物和有机质积累,进而影响滨海湿地生物多样性。2013—2017 年,盘锦地区气温均偏高,而降水量连续 5 年低于常年值,红海滩湿地持续退化,面积减少 14.6 平方千米。降水量减少导致入海河流径流量和淡水资源减

7 气候变化对盘锦湿地的影响

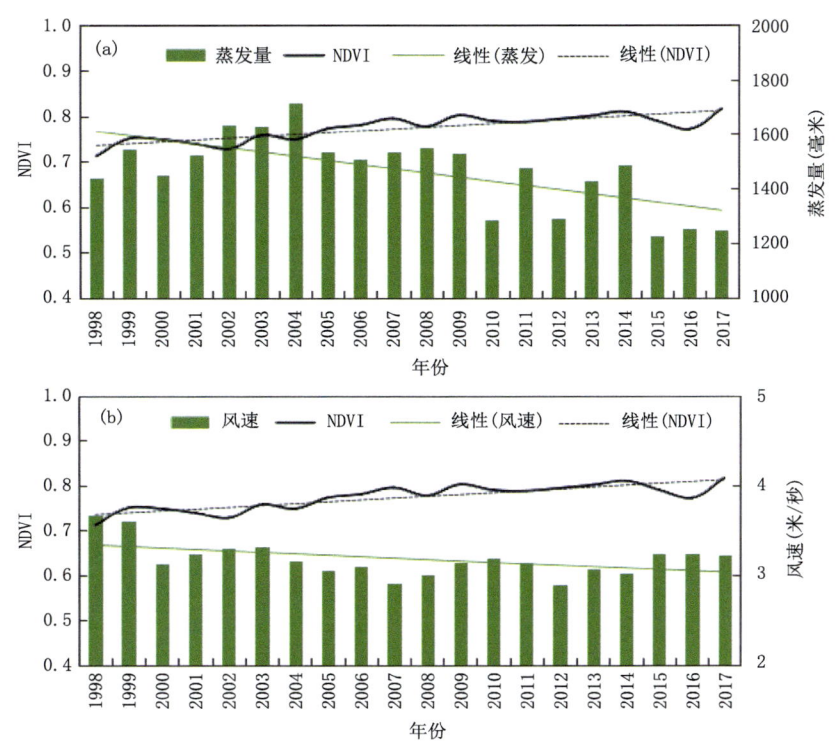

图SPM.13　1998—2017年盘锦芦苇湿地NDVI与生长季平均蒸发量(a)、平均风速(b)变化

少,盐度升高,滩涂盐度超标,翅碱蓬生长环境遭到破坏,从而导致翅碱蓬枯萎甚至死亡。{10.2,图SPM.14}

盘锦湿地面临着干旱、盐渍化和海水入侵等自然灾害影响,芦苇湿地和红海滩湿地面积有减少风险(中等信度)。 未来中等排放情景下,到21世纪末,盘锦湿地呈现气温升高、降水量减少的趋势,虽然盘锦湿地的升温趋势没有东北地区的农业生态系统增温显著,但高于森林生态系统的增温速率。随着气温升高、降水量减少,对芦苇和翅碱蓬植被生长有不利影响;目前维持芦苇湿地的水量一部分来源于灌溉,当持续缺水时,为保障农业用水,能补给湿地的水量将持续偏少,芦苇湿地将发生萎缩;由于降水量偏少,盐度升高,红海滩湿地将退化,而沿岸芦苇湿地可能转变为翅碱蓬湿地,翅碱蓬湿地的分布范围将不断变动。气温的升高将引起物种的分布有沿海拔和纬度梯度移动的趋势。未来中等排放情景下,丹顶鹤繁殖地分布范围缩小且向高纬度扩展,盘锦沿海丹顶鹤适生区缩减;海平面上升将使辽河口地区保留下来的滨海湿地向陆湿地演化,因潮水淹没频率增大、土壤盐渍化加重,部分芦苇湿地将演化为翅碱蓬湿地甚至滩涂湿地。{10.3,图SPM.9}

7.2　应对策略和措施选择

建立湿地保护气象预警机制,推进湿地气象指数保险。 建立湿地综合气候监测网络,强化湿地退化机理研究,建立湿地保护气象预警系统,强化预警会商、信息发布和部门联动。

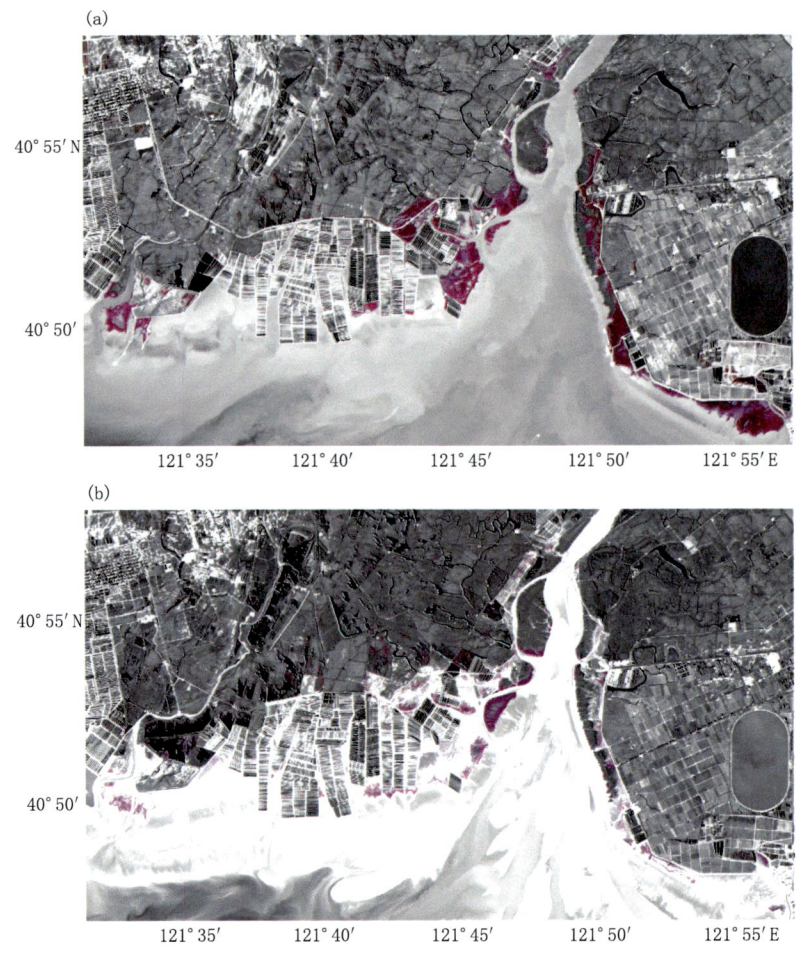

图 SPM.14　2013 年(a)和 2017 年(b)双台河口红海滩湿地分布(紫红色区域)

通过湿地气象指数保险及一系列法律、管理制度来保障湿地生态补偿体系的建立与实施,提升极端天气气候事件应对能力。

维持湿地资源的可持续利用,保证湿地生态需水。水是湿地演替的关键驱动力之一,淡水不足是芦苇湿地、翅碱蓬滩涂退化的主要原因。因此,在流域水资源规划与水资源配置中要将生态需水作为重要的内容,建立长效的补水机制,保证湿地生态需水。此外,还可以利用水田用水季节差异增加芦苇湿地淡水供应量。

修复和保护退化湿地,充分考虑气候变化因素,减少气象灾害对湿地生态系统的影响。根据湿地生态系统对气候变化的适应性,分析滩涂湿地冲淤的变化趋势、湿地植被的演替趋势,在自然演变趋势的基础上维持并适应其变化,并根据植被和滩涂的分布趋势不断调整湿地及湿地植被的恢复及修复规划,研究适应气候变化的湿地恢复技术及制定相应的湿地恢复政策。

附录
重要概念

气候变化：气候系统状态在数十年或百年甚至更长时间尺度上的变化，而且这种变化可以通过其特征的平均值和/或变率的变化予以识别。

气候变化评估：对特定地区在某段时期气候状态的改变及其自然和人为原因进行辨识、分析和评价的过程。

气候变化预估：根据一些假设条件对未来的气候演化趋势及其可能性的判断，特指依据不同的温室气体和气溶胶排放或大气浓度的可能情景，利用气候模式对未来十几年到上百年的气候变化趋势的模拟和分析。

距平：气候要素值与多年平均值的偏差，高于平均值为正距平，低于平均值为负距平。

极端天气气候事件：天气或气候变量值高于（或低于）该变量观测值区间的上限（或下限）端附近的某一阈值时的事件，其发生概率一般小于10%。

灾害风险：致灾性事件的发生概率及其可能的不利结果。

净初级生产力：单位时间和单位面积上绿色植物通过光合作用所积累的有机干物质总量，是总初级生产力中减去自养呼吸消耗之后的剩余部分。

归一化植被指数：在遥感影像中，取近红外波段的反射值与红光波段的反射值之差与两者之和的比值，是植被生长状况的植被覆盖度的指标因子，无量纲，作为卫星遥感监测植被和生态环境变化的有效指标，可以很好地反映地表植被的繁茂程度，客观反映植被生态情况。

致 谢

感谢中国气象局气候变化专项（CCSF201819、CCSF201910、CCSF202013）的支持；感谢中国气象局科技与气候变化司在项目规划和组织协调等方面给予的大力支持；感谢国家气候中心、国家气象信息中心和中国气象科学研究院等部门和专家在《决策者摘要》编写过程中提供的数据和技术支持；感谢中国农业科学院、中国科学院地理科学与资源研究所、辽宁省自然资源厅、辽宁省生态环境厅、辽宁省农业农村厅、中国科学院沈阳应用生态研究所、辽宁省林业发展中心等评审专家对《决策者摘要》提出的宝贵建议；感谢参加编写的东北区域气象部门所有领导、作者和工作人员。